Especial gracias a mi maravillosa, increíble, sorprendente y amorosa esposa Carol! Su apoyo y confianza en mí y su presencia por mí desde que éramos niños es más precioso para mí que puedo expresar.

Palabras y dibujos de Michael Richard Craig

1 2

5 6

9

3 4

7 8

10

Uno
1
Cara tonto

Dos
2
Caras
tontos

Tres
3
Caras
tontos

Cuatro

4

Caras

tontos

Cinco

5

Caras

tontos

Seis

6

Caras

tontos

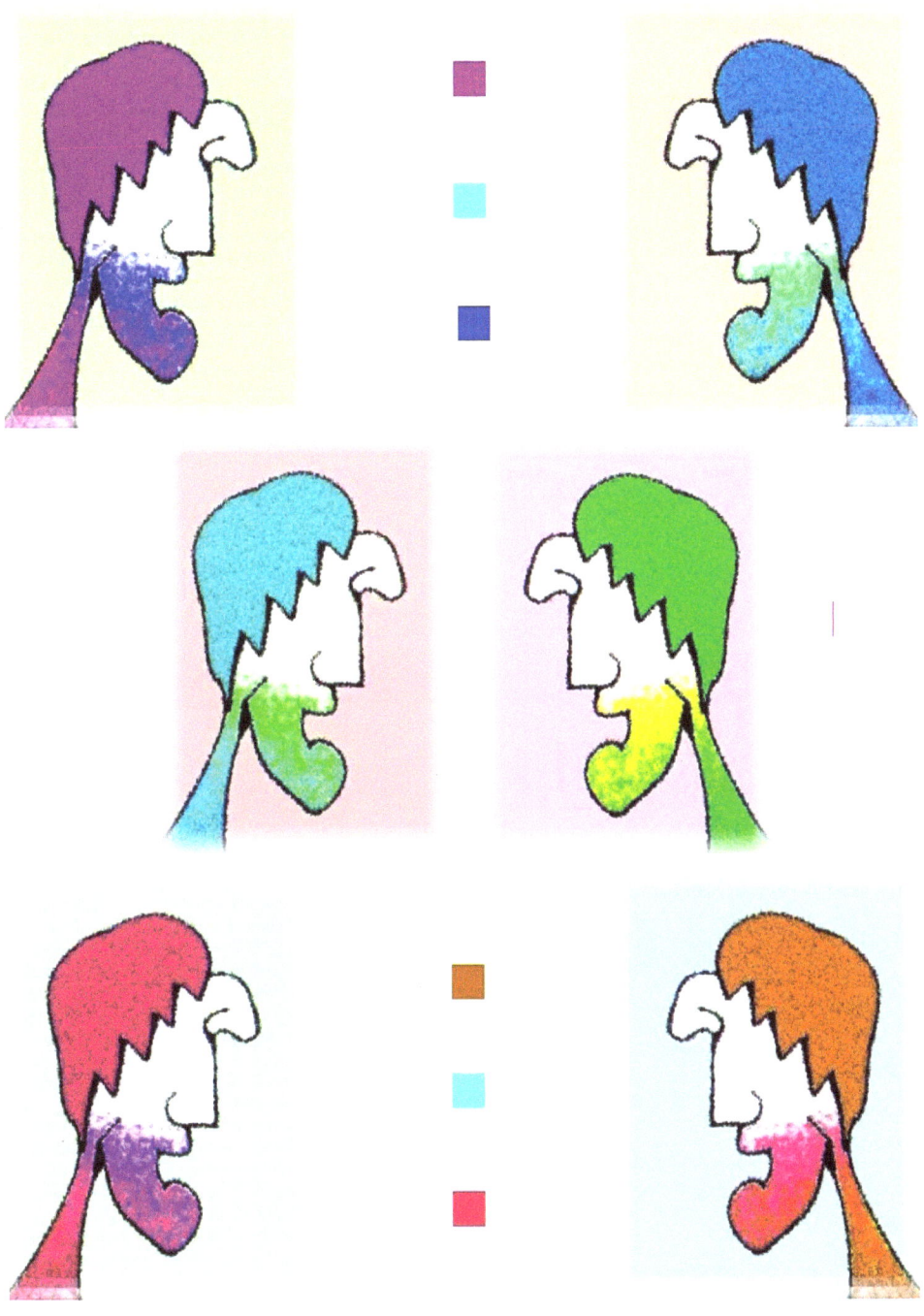

Siete
7
Caras
tontos

Ocho

8

Caras

tontos

Nueve

9

Caras

tontos

Diez
10
Caras
tontos

1

2

3

4

5

6

7

8

9

10

Fin.
¡Buen
trabajo!

Estas caras son de la colección "las muchas caras
de
Michael Richard Craig"
Esta es la primera en un conjunto de diez volúmenes de
contar caras tontas a cien.

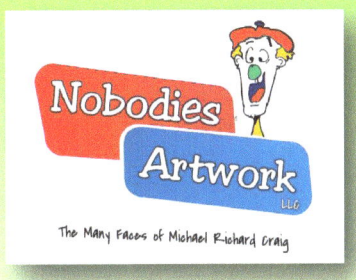

Nobodiesinc@yahoo.com

TeeGeeBeeTeeGee

www.ingramcontent.com/pod-product-compliance
Lightning Source LLC
Chambersburg PA
CBHW041120180526
45172CB00001B/347